Thiago Leite de Alencar
Márcio G.R. Lobato
Sebastião C. Sousa

Caratterizzazione e impatti dei diversi utilizzi di un argissolo

Thiago Leite de Alencar
Márcio G.R. Lobato
Sebastião C. Sousa

Caratterizzazione e impatti dei diversi utilizzi di un argissolo

Uno studio nella regione semi-arida del Brasile nord-orientale

ScienciaScripts

Imprint

Any brand names and product names mentioned in this book are subject to trademark, brand or patent protection and are trademarks or registered trademarks of their respective holders. The use of brand names, product names, common names, trade names, product descriptions etc. even without a particular marking in this work is in no way to be construed to mean that such names may be regarded as unrestricted in respect of trademark and brand protection legislation and could thus be used by anyone.

Cover image: www.ingimage.com

This book is a translation from the original published under ISBN 978-3-330-75498-0.

Publisher:
Sciencia Scripts
is a trademark of
Dodo Books Indian Ocean Ltd. and OmniScriptum S.R.L publishing group

120 High Road, East Finchley, London, N2 9ED, United Kingdom
Str. Armeneasca 28/1, office 1, Chisinau MD-2012, Republic of Moldova, Europe

ISBN: 978-620-8-26924-1

Copyright © Thiago Leite de Alencar, Márcio G.R. Lobato, Sebastião C. Sousa
Copyright © 2024 Dodo Books Indian Ocean Ltd. and OmniScriptum S.R.L publishing group

CONTENUTI

1 INTRODUZIONE 2
2. REVISIONE DELLA LETTERATURA 4
3. METODOLOGIA 14
4. RISULTATI E DISCUSSIONE 28
5. CONCLUSIONI 36
6. RIFERIMENTI BIBLIOGRAFICI 37

1 INTRODUZIONE

La gestione del suolo è attualmente uno dei fattori che più influenzano positivamente o negativamente l'agricoltura, perché a seconda di come viene utilizzato, il grado di degrado del suolo è variabile, e questo è un fattore limitante per il pieno sviluppo delle attività agricole.

L'uso improprio del suolo causa diversi danni ambientali, come erosione, compattazione, aumento della salinità, riduzione della biodiversità, insabbiamento dei corpi idrici e riduzione della fertilità del suolo. È quindi evidente l'importanza di una corretta gestione delle attività agricole, affinché lo sviluppo rurale possa avvenire in modo sostenibile.

Nella regione di Cariri, i suoli sono utilizzati in vari modi, dalla conservazione all'uso inadeguato, principalmente attraverso l'uso di un gran numero di animali nella zona e l'impianto convenzionale. L'area utilizzata per questo lavoro si trova nel comune di Assaré - CE, che appartiene alla regione Cariri del Ceará.

Il suolo svolge una serie di funzioni fondamentali per l'equilibrio di un ecosistema, con funzioni fisiche che agiscono nello sviluppo e nel sostegno dell'apparato radicale della vegetazione, nell'apporto di nutrienti e O_2 per le piante e nella disponibilità e fornitura di acqua; pertanto, il suolo deve essere utilizzato e gestito in modo appropriato per mantenere la capacità di svolgere le sue funzioni.

I diversi sistemi di gestione del suolo possono avere un'influenza diretta sul grado di compattazione, sulla velocità di deflusso superficiale, sulla resistenza alla penetrazione, sulla densità del suolo, sulla porosità e sulla quantità di acqua disponibile per le piante.

Pertanto, è chiaro che uno studio che caratterizzi l'influenza delle diverse gestioni sugli attributi fisici e chimici del suolo è importante per determinare quale sia il modello meno degradante e più appropriato in termini di qualità e sostenibilità del suolo.

Lo scopo di questo lavoro è stato quello di valutare l'influenza dei diversi usi del suolo sugli attributi fisici di un argissolo situato nella regione semi-arida del Brasile nordorientale, soggetto a carenze idriche critiche e a tecniche di gestione inadeguate da parte del proprietario del terreno.

2. REVISIONE DELLA LETTERATURA

2.1. Attributi fisici del suolo

2.1.1. Compattazione

Secondo Collares *et al.* (2006), la compattazione altera la struttura del suolo, portando a un aumento della resistenza alla penetrazione, della densità del suolo e a una riduzione della macroporosità, influenzando così la crescita delle piante e lo sviluppo delle radici.

La compattazione è generalmente riscontrabile nei suoli gestiti in modo improprio e causa importanti perdite economiche e produttive, soprattutto nelle regioni con una distribuzione irregolare delle precipitazioni (GUIMARÂES *et al.*, 2002).

Secondo Freitas (1994), la compattazione del suolo è il fattore che limita maggiormente l'alta produttività delle colture in tutto il mondo, in quanto influisce direttamente sulla crescita e sullo sviluppo delle radici, riduce la capacità di infiltrazione dell'acqua nel suolo e riduce la traslocazione dei nutrienti, con il risultato di uno strato ridotto da sfruttare per le radici.

La differenziazione degli strati compattati trovati in campo e la caratterizzazione del comportamento del suolo in relazione alle sue proprietà fisiche, come porosità, tasso di infiltrazione e densità, è di fondamentale importanza per lo sviluppo della produzione (LAIA *et al.*, 2006).

Il processo di compattazione avviene in un sistema tridimensionale, a causa dell'influenza delle sollecitazioni meccaniche comunemente causate dal traffico di macchinari e dall'azione di attrezzi agricoli (FIORI ; LAL, 1998) e dal calpestio degli animali (BHARATI *et al.*, 2002).

Una diagnosi qualitativa e quantitativa (grado di compattazione del suolo) è di grande importanza, non solo per aiutare a verificare la qualità della gestione utilizzata, ma anche per aiutare a stabilire i limiti di compattazione che non influenzano lo sviluppo radicale delle piante nei diversi sistemi di gestione (TAVARES FILHO *et al.*, 2001).

Poiché la compattazione è un problema serio nei terreni agricoli, è oggetto di studi intensivi (ALMEIDA *et al.*, 2008).

Gli attributi fisici del suolo utilizzati per valutare il grado di compattazione includono: densità del suolo, resistenza alla penetrazione, macroporosità, infiltrazione dell'acqua e, più recentemente, pressione di preconsolidamento (PACHECO ; CANTALICE, 2011).

2.1.2. *Resistenza alla penetrazione*

La resistenza del suolo alla penetrazione è una delle proprietà fisiche più importanti per la gestione e lo studio della qualità fisica del suolo, in quanto è direttamente collegata a vari attributi del suolo che indicano il livello di compattazione (RIBON ; FILHO, 2008). Si tratta di un impedimento meccanico che il suolo offre allo sviluppo delle radici (SILVA *et al.*, 2008).

È necessario conoscere i livelli di compattazione che riducono la crescita e lo sviluppo dell'apparato radicale delle piante, al fine di ridurre gli effetti negativi della compattazione e utilizzare il suolo in modo efficiente e sostenibile (BERGAMIN *et al.*, 2010).

Il monitoraggio periodico del livello di compattazione del suolo attraverso il fattore di resistenza alla penetrazione è un modo pratico e praticabile per valutare gli effetti di diverse gestioni sulla struttura del suolo, sulla crescita e sullo sviluppo radicale di diverse colture (FILHO ; RIBON, 2008).

La resistenza del suolo alla penetrazione è fortemente influenzata da una serie di fattori, come la tessitura, la struttura, la porosità, la densità e la composizione minerale del suolo (BEUTLER *et al.*, 2007). I terreni con alti valori di resistenza alla penetrazione rendono difficile l'infiltrazione e la percolazione dell'acqua nel suolo, aumentando così il deflusso superficiale e l'erosione.

La resistenza alla penetrazione del suolo (PR) viene generalmente determinata utilizzando penetrometri, i cui principali vantaggi sono la facilità e la velocità con cui si ottengono i risultati (BLAINSKI *et al.*, 2008).

I modelli di penetrometro più comunemente utilizzati per determinare il grado di compattazione sono: i penetrometri statici (che registrano il PR per unità di superficie), i penetrometri dinamici o a impatto (che registrano il PR per unità di profondità) e i penetrometri elettronici (che registrano il PR in base alla resistenza elettrica del terreno) (ARAUJO, 2010).

Il penetrometro a impatto è stato ampiamente utilizzato in campo per caratterizzare la compattazione causata dall'uso e dalla gestione del suolo (TORMENA ; ROLOFF, 1996; CASAGRANDE, 2001) grazie al suo basso costo, al fatto che non richiede calibrazioni frequenti e al fatto che i risultati sono indipendenti dall'operatore.

2.1.3. Densità del suolo

La densità del suolo è una proprietà fisica che dipende da fattori e processi pedogenetici in ambienti incolti ed è una delle proprietà più utilizzate per valutare la compattazione del suolo (REINERT et al., 2008; MONTANARI et al., 2010).

Per identificare gli strati compattati causati da diversi sistemi colturali, si utilizza la densità del suolo (Ds) come indicatore del grado di compattazione del suolo (CAMARGO ; ALLEONI, 1997).

È una proprietà che varia generalmente tra e all'interno dei diversi tipi di suolo e dipende da una serie di fattori, come il grado di compattazione, il contenuto di sostanza organica, la presenza o l'assenza di copertura vegetale, il sistema colturale utilizzato e la profondità (THIMÓTEO et al., 2001).

La densità del suolo è uno dei parametri che controllano le relazioni aria-acqua e indica sia lo stato che le prospettive di penetrazione delle radici, oltre a guidare la gestione del suolo (JORGE et al., 1991).

Per determinare la densità del suolo si utilizzano diversi metodi, tra cui il metodo dell'anello volumetrico, considerato lo standard più diffuso, che consiste nel campionare il suolo con una struttura non deformata in un anello (cilindro metallico) di volume noto (PIRES et al., 2011).

La densità del suolo ottenuta con il metodo distruttivo (anello volumetrico), oltre a essere un indicatore della qualità del suolo, viene utilizzata per determinare la quantità di acqua e nutrienti nel profilo del suolo in base al volume (MENDES *et al.*, 2006).

[3]Secondo Llanillo *et al.* (2006), valori di densità del suolo superiori a 1,65 Mg m in terreni a medio impasto limitano lo sviluppo e la crescita dell'apparato radicale e la conseguente resa delle specie coltivate.

2.1.4. Macroporosità

Secondo Corsini *et al.* (1999), la macroporosità combinata con la densità del suolo può valutare la porosità totale e la distribuzione delle dimensioni dei pori, che sono caratteristiche fisiche del suolo indirettamente correlate alla struttura.

La macroporosità, in particolare, è uno degli attributi fisici utilizzati come ottimo indicatore del degrado del suolo, a causa della sua relazione con la compattazione, poiché la porosità regola diverse proprietà ecologiche del suolo (STOLF *et al.*, 2011; REICHERT *et al.*, 2009).

La macroporosità è il volume dello spazio dei pori del suolo in cui avvengono gli scambi gassosi (AMARO FILHO *et al.*, 2008). I cambiamenti causati alla porosità da un uso inappropriato del suolo, oltre a modificare i tassi di scambio di gas, alterano la disponibilità di acqua per le piante (ARGENTON *et al., 2005).*

Lipiec *et al.* (1991) hanno osservato una correlazione tra il grado di compattazione e la resistenza alla penetrazione e la porosità di aerazione del terreno.

Il grado di compattazione corrispondente ai valori critici di macroporosità dipende dal tipo di suolo. Nei latosuoli, i limiti critici di aerazione vengono raggiunti con un grado di compattazione inferiore rispetto agli argissuoli (SUZUKI *et al.*, 2007).

Secondo Pauletto *et al.* (2005), bassi valori di macroporosità e alti valori del rapporto micro/macro pori implicano una scarsa aerazione del suolo, che influisce direttamente sul pieno sviluppo delle colture irrigue.

L'aerazione del suolo è un processo che comporta lo scambio di gas, soprattutto anidride carbonica e ossigeno, tra gli spazi porosi del suolo e l'atmosfera (AMARO FILHO *et al.*, 2008).

L'uso del suolo influenza direttamente la struttura del suolo. Normalmente, i suoli forestali e quelli dei campi nativi hanno una macroporosità maggiore rispetto ad altri usi (ALBUQUERQUE *et al.*, 2001).

2.1.5. Infiltrazione dell'acqua nel terreno

La produzione vegetale è direttamente correlata alla dinamica dell'acqua nel suolo, pertanto la sua conoscenza è di fondamentale interesse per qualsiasi decisione sull'uso agricolo dei suoli. Il metodo utilizzato per monitorare l'infiltrazione dell'acqua nel suolo è l'infiltrometro ad anello concentrico (CALHEIROS *et al.*, 2009).

L'infiltrazione dell'acqua nel suolo è il processo attraverso il quale l'acqua entra nel suolo attraverso la sua superficie. Generalmente, l'ingresso dell'acqua nel suolo, a seconda dell'umidità del profilo, diminuisce con il tempo e assume un valore costante chiamato tasso di infiltrazione di base (POTT & DE MARIA, 2003).

È considerato uno dei processi più importanti che compongono il ciclo idrologico, in quanto svolge un ruolo decisivo nella disponibilità di acqua per le colture, nella ricarica delle falde acquifere, nel deflusso superficiale e nella gestione del suolo e delle acque (CECiLIO *et al.*, 2003).

L'infiltrazione dell'acqua è uno dei fattori che meglio riflette le condizioni fisiche interne del suolo, poiché una buona qualità strutturale porta a una distribuzione delle dimensioni dei pori che favorisce la crescita e lo sviluppo dell'apparato radicale delle piante e la capacità dell'acqua di infiltrarsi nel suolo (ALVES; CABEDA, 1999).

Diversi fattori influenzano la capacità di infiltrazione dell'acqua nel suolo, tra cui i principali sono: il tempo, l'umidità iniziale, la porosità e la tessitura, la densità del suolo, la conducibilità idraulica (VIEIRA ; KLEIN, 2007).

Secondo Cichota *et al.* (2003), il tasso di infiltrazione variabile dell'acqua nel suolo è definito come il volume di acqua che penetra nell'unità di superficie per unità di tempo. Questo dato è di importanza agronomica per il suo ruolo nella formazione del ruscellamento, dato che il ruscellamento superficiale è un agente erosivo, e nella determinazione dei tassi di irrigazione praticabili, il metodo dell'infiltrometro ad anelli concentrici è stato utilizzato per monitorare il tasso di infiltrazione dell'acqua nel suolo.

I diversi tipi di gestione e uso del suolo alterano le caratteristiche fisiche del terreno, causando una diminuzione del tasso di infiltrazione dell'acqua nel suolo, con un conseguente aumento dei tassi di deflusso superficiale (PANACHUKI *et al.*, 2011).

Con la compattazione del suolo, la funzione svolta dall'acqua nel terreno viene alterata, con conseguente riduzione dell'infiltrazione e aumento del deflusso superficiale, che porta a un aumento del grado di erosione del suolo (GIRARDELLO *et al*, 2011).

2.2. Uso e occupazione del suolo

2.2.1.. Argisoli

Secondo il Sistema Brasiliano di Classificazione dei Suoli (EMBRAPA, 2006) e l'Indagine Esplorativa - Ricognizione dei Suoli dello Stato del Ceará - Vol. 1 (MA. SUDENE, 1973), questa classe comprende suoli con un orizzonte testuale B costituito da materiale minerale con bassa attività argillosa, dovuta al fatto che il materiale del suolo è costituito da sesquiossidi, argille del gruppo 1:1 (caoliniti), quarzo e altri materiali resistenti agli agenti atmosferici, o elevata combinata con bassa saturazione di base o carattere alitico. La maggior parte dei suoli di questa classe mostra un chiaro aumento del contenuto di argilla dall'orizzonte superficiale all'orizzonte B, variano in profondità, sono di colore rossastro o giallastro, non idromorfi, da fortemente a moderatamente acidi, con saturazione di base alta o bassa, si trovano prevalentemente su terreni pianeggianti e ondulati, con vegetazione caatinga ipo- e iperxerofila e transizione foresta/caatinga. Questi terreni possono essere utilizzati per la coltivazione di colture perenni adattate al clima della regione.

2.2.2. Qualità del suolo

La qualità del suolo in diversi tipi di ecosistemi sotto l'influenza di varie gestioni è definita come la capacità di mantenere il suo potenziale produttivo, la biodiversità, insieme all'aumento della qualità delle acque sotterranee, delle acque superficiali e dell'aria del suolo (Karlen et al., 1997).

Negli ultimi tempi è cresciuta la preoccupazione di controllare la qualità del suolo, che è stata costantemente monitorata attraverso la quantificazione dei cambiamenti nei suoi attributi dovuti a sistemi di utilizzo e gestione inadeguati (NEVES et al., 2007).

Le pratiche utilizzate nelle attività agricole causano cambiamenti negli attributi del suolo, che possono portare a una significativa riduzione della qualità, incidendo direttamente sulla sostenibilità dell'ambiente e sull'equilibrio economico dell'attività svolta (NIERO et al., 2010).

La qualità del suolo sottoposto a diverse colture e gestioni può essere valutata attraverso le sue proprietà chimiche, fisiche e biologiche (Shukla et al., 2006).

La materia organica, e di conseguenza la biomassa microbica, svolge un ruolo diretto nel mantenimento della produttività degli ecosistemi agricoli e naturali ed è uno dei fattori responsabili della qualità del suolo (Gama-Rodrigues & Gama-Rodrigues, 2008).

2.2.3. Uso e gestione del territorio

I vari usi e gestioni del suolo, l'intensità e il tempo di utilizzo portano a varie alterazioni delle proprietà del suolo, che possono mostrare diversi livelli di degrado tra suoli simili (ROTH ; PAVAN, 1991; CASTRO FILHO *et al.*, 1998).

La gestione del suolo e delle colture influenza direttamente lo stato di compattazione e le caratteristiche fisiche del suolo ideali per il pieno sviluppo delle piante (COLLARES *et al.*, 2008).

Gli effetti degradanti di una gestione inadeguata della risorsa naturale del suolo sono visibili nelle analisi del tasso di infiltrazione dell'acqua, della riduzione della macroporosità, del ruscellamento superficiale e del trascinamento delle particelle del suolo (SOARES *et al.*, 2005).

I cambiamenti derivanti dai diversi tipi di uso del suolo nella regione semiarida, che presenta caratteristiche pedoclimatiche peculiari, dovrebbero essere studiati per proporre modelli sostenibili che massimizzino la produzione ed evitino il degrado dei suoli e delle risorse naturali (CÔRREA *et al.*, 2009).

I terreni coltivati non possono mantenere le loro caratteristiche fisiche originali, ma dovrebbero essere gestiti in modo da alterare il meno possibile queste caratteristiche, soprattutto quelle che influenzano l'infiltrazione e la ritenzione dell'acqua, come la porosità, la densità e l'aggregazione, al fine di mantenere la sostenibilità del sistema (KAMIMURA *et al.*, 2009).

Comprendere e quantificare l'impatto dell'uso e della gestione del suolo sui suoi attributi e sulla sua qualità fisica è di fondamentale importanza per lo sviluppo di sistemi agricoli sostenibili (MATIAS *et al.*, 2009).

2.2.4. Pascolo

Una gestione inadeguata dei pascoli naturali per molti anni porta al degrado e all'accelerazione dell'erosione del suolo (CARVALHO *et al.*, 2009).

Un carico eccessivo di animali sui pascoli può compromettere alcune proprietà fisiche del suolo, aumentarne la suscettibilità all'erosione idrica e ridurne la capacità produttiva (BERTOL *et al.*, 1998).

L'uso eccessivo del pascolo, attraverso intensità eccessive, ha causato la perdita della copertura vegetale, l'invasione di specie indesiderate, l'erosione del suolo e un impatto ambientale negativo (GONÇALVES, 2007).

Secondo i risultati ottenuti da Trein *et al.* (1991), dopo l'impiego di un gran numero di animali nell'area per un breve periodo di tempo, si è verificato un aumento della resistenza del suolo alla penetrazione, una riduzione significativa dell'infiltrazione di acqua nel suolo e una diminuzione della macroporosità in un Argisol rosso coltivato a pascolo invernale.

Le condizioni fisiche del suolo possono essere alterate drasticamente dal calpestio degli animali su tutta la superficie e talvolta ripetutamente nello stesso punto, ostacolando così lo sviluppo e la crescita dell'apparato radicale (LEÂO *et al.*, 2004).

Il grado di compattazione dovuto al calpestio del bestiame è influenzato da diversi fattori, come la tessitura del suolo (CORREA & REICHARDT, 1995), il sistema di pascolo utilizzato (LEÂO *et al.*, 2004), la quantità di residui vegetali sul suolo (BRAIDA *et al.*, 2006) e l'elevata umidità del suolo (BETTERIDGE *et al.*, 1999).

2.2.5. Mais

[1]Il Brasile è uno dei Paesi in cui il mais ha un elevato potenziale produttivo, che raggiunge le 10 tonnellate di grano per ettaro in condizioni sperimentali e da parte di agricoltori che adottano tecnologie appropriate (CARVALHO *et al.*, 2004).

Svolgendo un ruolo significativo nella produzione nazionale di cereali, il mais ha un'influenza diretta sull'economia brasiliana (SANTOS *et al.*, 2006). Una delle attività agricole più importanti in Brasile è la coltivazione del mais, soprattutto nella regione del Nordest (DoVale *et al.*, 2011).

Nei terreni utilizzati per la coltivazione del mais, la pressione esercitata dal traffico dei macchinari sulla superficie del suolo durante le operazioni di lavorazione aumenta normalmente la densità del suolo e diminuisce la porosità totale, soprattutto la macroporosità, portando a un aumento del grado di compattazione (TSEGAYE ; HILL, 1998).

Secondo i risultati ottenuti da Bergamin *et al.* (2010), la compattazione aggiuntiva influenza negativamente l'apparato radicale del mais, riducendone la crescita e lo sviluppo e causando perdite nella produzione.

2.2.6. Vegetazione autoctona

[2]Il Caatinga è il principale bioma della regione nordorientale del Brasile, occupa circa 845 km o il 54,53% della superficie della regione (IBGE, 2005) e riveste una notevole importanza socio-economica, ecologica e ambientale.

La regione semiarida nordorientale è coperta da una vasta area del bioma caatinga e una parte di questa, corrispondente a centinaia di migliaia di ettari, viene disboscata ogni anno per destinarla alla coltivazione itinerante (MELO *et al.*, 2008).

L'uso del suolo con vegetazione autoctona comporta una forte riduzione della variazione degli attributi del suolo rispetto all'uso del suolo agricolo e, per questo motivo, la vegetazione autoctona è un punto di riferimento per la valutazione dei suoli incorporati nei sistemi agricoli (CORRÊA *et al.*, 2009).

Il suolo con foresta nativa, essendo un'area preservata, ha un impatto minore sulle caratteristiche fisiche del suolo, con enfasi su una maggiore macroporosità e una minore resistenza alla penetrazione, generando così un ambiente adatto alla normale crescita e sviluppo delle piante (ANDREOLA *et al.*, 2000; ALBUQUERQUE *et al.*, 2001).

La degradazione del suolo inizia con la rimozione della vegetazione naturale ed è accentuata dalla successiva coltivazione, rimuovendo la materia organica e i nutrienti che non vengono reintegrati nella stessa proporzione nel tempo e alterando le proprietà fisiche (SOUZA ; MELO, 2003; BERTOL *et al* 2004).

3. METODOLOGIA

3.1. Area di studio

L'azienda agricola Redonda si trova nel comune di Assaré, sul versante occidentale dell'altopiano di Araripe, vicino al confine con i comuni di Farias Brito e Altaneira, nella regione di Cariri, nel sud dello Stato di Ceará (Figura 1), a 22 km dalla sede del comune, su una superficie di 328 ettari, situata tra le coordinate UTM di longitudine 416000-421000 e latitudine 9235500-9239000, a un'altitudine di 616 metri. Lo studio è stato condotto tra novembre 2011 e giugno 2012. La Figura 1 mostra la posizione dell'area in cui è stato condotto lo studio.

Figura 1 - Schema della localizzazione dell'area di studio.

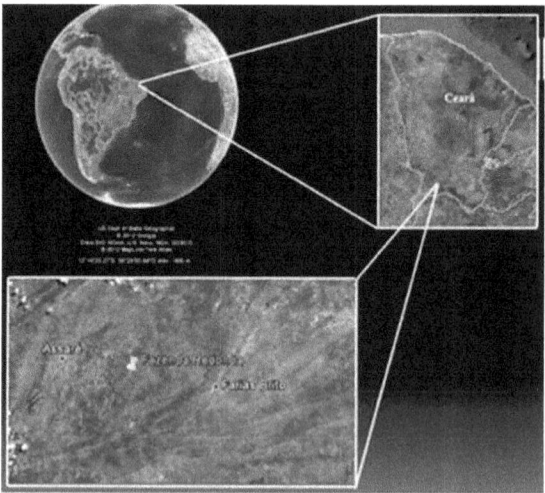

Fonte: Thiago Leite de Alencar

3.1.1. Caratterizzazione dell'area

3.1.1.1 Geologia

Dal punto di vista geologico, secondo la figura 2, il comune di Assaré è costituito da rocce del periodo cretaceo, appartenenti alla serie di Araripe, che comprende l'intero altopiano di Araripe. L'area si trova nella Formazione di Exu, costituita da strati di siltiti e argilliti che sovrastano le arenarie argillose e permeabili, con granulometria variabile e colori che variano a seconda dell'alterazione e del grado di weathering delle aree, essendo chiari (bianchi e grigi) nelle parti inalterate e rossi in quelle dove è avvenuto il weathering (MA. SUDENE, 1973).

Figura 2 - Carta geologica dello stato del Ceará

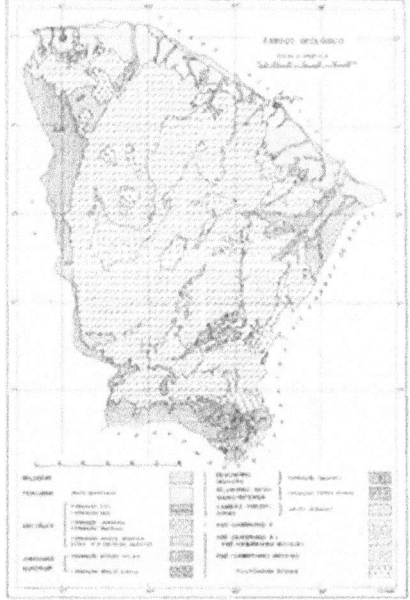

Fonte: (MA. SUDENE, 1973).

3.1.1.2 Geomorfologia

L'unità geomorfologica dell'area è classificata come l'altopiano di Araripe, una piattaforma sedimentaria del periodo cretaceo, con una forma a tavola, in cui prevale il rilievo pianeggiante, ma ci sono anche parti dolcemente ondulate e tratti ondulati. Le pendenze della piattaforma le conferiscono l'aspetto visivo di una parete (MA. SUDENE, 1973).

3.1.1.3 Suoli

I suoli trovati ad Assaré secondo l'Indagine Esplorativa - Ricognizione dei Suoli dello Stato del Ceará - Vol. 1 (MA. SUDENE, 1973), appartengono all'associazione TRe, che comprende diversi tipi di suoli, tra cui il Similar Eutrophic Structured Terra Roxa, corrispondente nella classificazione di (EMBRAPA, 2006) al Nitossolos, l'Equivalent Eutrophic Yellow Red Podzolic, che appartiene alla classe Argissolos, gli Eutrophic Litholic Soils, che sono i Litholic Neosols e gli Eutrophic Dark Red Latosols. I primi tre tipi di suolo si trovano generalmente su pendii con terreni scoscesi. Nelle aree in cui il processo di erosione è stato più intenso si concentrano i suoli Neossolos Litólicos e, sia nelle aree con rilievi più pianeggianti che sulle coste più alte, i Latossolos.

La distribuzione delle diverse classi di suolo in questa associazione è organizzata come segue: 40% Nitossolos, 30% Argissolos, 15% Neossolos Litólicos e 15% Latossolos.

3.1.1.4 Vegetazione

La caatinga, il bioma caratteristico dell'area, è una formazione arboreo-arbustiva, in cui si verifica la deciduità delle foglie, e presenta formazioni boschive di dimensioni variabili. La vegetazione è direttamente influenzata dal clima, caratterizzato da precipitazioni limitate, distribuzione non uniforme delle piogge e un prolungato periodo di siccità.

All'interno del bioma, la vegetazione è classificata come caatinga iposerofila per il suo clima meno secco, con periodi di siccità che vanno dai 5 ai 7 mesi, e per la presenza di specie più grandi e generalmente più dense.

Le specie più comuni trovate sono: *Caesalpinia pyramidalis* (catingueira), *Mimosa caesalpinifolia* Benth. (sabià), *Pithecolobium diversifolium* Benth. (jurema branca), *Cassia excelsa* Schrad. (canafistula), *Mimosa nigra-* Hub. (jurema nero), *Caesalpinia ferrea* Mart, (pau e ferro), *Pityrocarpa sp.* (catanduva), *Croton sp.* (marmeleiro), Euphorbiaceae; *Combretum leprosum* Mart, (mufumbo), Combretaceae; *Ziziphus joazeiro* Mart, (juazeiro), Rhamnaceae; *Astronium sp.* (aroeira). Per la caratterizzazione della vegetazione sono state utilizzate le informazioni analitiche contenute nell'Indagine esplorativa - Ricognizione del suolo dello Stato del Ceará - Vol. 1 (MA. SUDENE, 1973).

3.1.1.5 Il tempo

Il clima della regione, secondo la classificazione di Koppen, è BSw'h', caratterizzato da semi-aridità, con temperature elevate, che variano annualmente tra 24 e 26°C e, nei mesi più caldi, tra 26 e 28°C (MA. SUDENE, 1973). Le precipitazioni medie annue nella regione sono di 660 mm, distribuite in una stagione delle piogge che va da dicembre a maggio. I dati sulle precipitazioni registrati per il periodo tra il 1990 e il 2010 mostrano le variazioni che si verificano di anno in anno.

Le figure 3 e 4 mostrano rispettivamente le precipitazioni medie mensili tra il 1990 e il 2010 e le precipitazioni annuali nel punto di raccolta dati di Assaré.

Figura 3 - Precipitazioni medie mensili (mm) (Assaré)

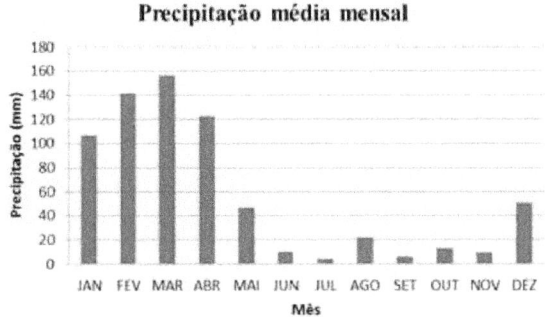

Fonte: Funceme

Figura 4 - Precipitazioni annuali (mm) (Assaré)

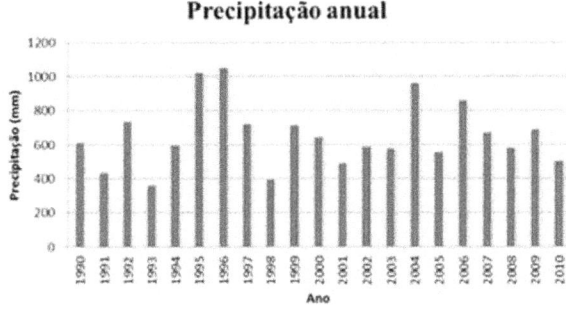

Fonte: Funceme

3.2. Aree di studio

3.2.1. Mais

L'area, che negli ultimi 20 anni circa è stata adibita alla coltivazione del mais con un sistema di lavorazione convenzionale basato sull'uso di macchine agricole, in precedenza era utilizzata principalmente per la coltivazione del cotone. In quest'area pascolano anche i bovini da carne e da latte dell'azienda, in media 150 animali, che si nutrono dei resti del raccolto di ogni piantagione. La Figura 6 mostra l'area coltivata a mais utilizzata nell'esperimento.

3.2.2. Pascolo

L'area di pascolo di 14 ettari (figura 7) è utilizzata per il pascolo da una media di 150 bovini ogni mese dell'anno. È importante sottolineare che l'area non è mai stata utilizzata per nessun altro tipo di attività agricola, quindi il terreno non è mai stato sottoposto all'azione dei macchinari.

3.2.3. Foresta nativa

L'area con foresta nativa (figura 8) comprende 3 ettari e corrisponde all'area di conservazione dell'azienda (riserva legale), costituita da specie native della caatinga iposserofila.

Con l'aiuto di un navigatore GPS, è stato possibile georeferenziare (UTM, SAD 69, 24M) le aree dei diversi usi del suolo, utilizzando il programma ArcView GIS 3.2 (Figura 5).

Figura 5 - Mappa georeferenziata delle aree di raccolta

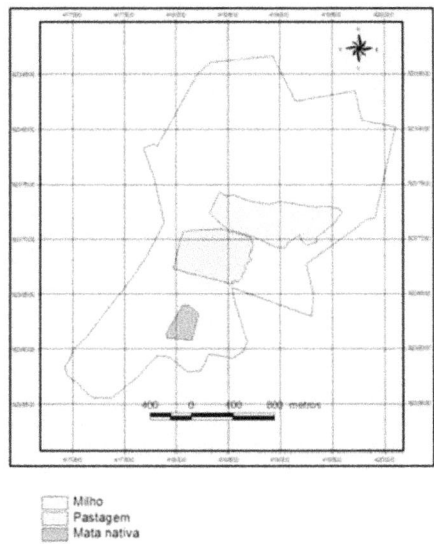

Fonte: Thiago Leite de Alencar

Figura 6 - Uso del suolo con il mais.

Fonte: Thiago Leite de Alencar

Figura 7 - Uso del suolo con pascolo.

Fonte: Thiago Leite de Alencar

Figura 8 - Uso del suolo con foresta nativa

Fonte: Thiago Leite de Alencar

3.3. Classificazione del suolo

Per classificare il suolo dell'area di studio, il cui materiale di partenza è l'arenaria, è stato necessario caratterizzare morfologicamente il suolo raccogliendo campioni, che sono stati poi analizzati nel laboratorio del Dipartimento di Scienze del Suolo del Centro di Scienze Agrarie dell'Università Federale del Ceará - Campus PICI.

Il processo di caratterizzazione morfologica del profilo analizzato (figura 9) con successiva raccolta di campioni è stato suddiviso in diverse fasi: apertura della trincea (area rappresentativa del suolo oggetto di studio); differenziazione degli orizzonti attraverso l'osservazione di alcuni aspetti importanti quali il colore del suolo, la tessitura, la granulometria e il contrasto di struttura; separazione degli orizzonti opportunamente differenziati e misurazione del loro spessore con l'ausilio rispettivamente di un coltello e di un metro a nastro; registrazione fotografica del profilo; raccolta dei campioni, che sono stati inseriti in sacchetti di plastica, etichettati in modo appropriato e portati in laboratorio per l'analisi.

Figura 9 - Profilo del terreno analizzato.

Fonte: Thiago Leite de Alencar

L'analisi morfologica del profilo in campo ha seguito le procedure indicate nel Manuale per la descrizione e la raccolta del suolo in campo (SANTOS et al, 2005).

3.4. Analisi di laboratorio

Una volta raccolti, i campioni di suolo sono stati inviati ai Laboratori di Chimica e Fisica del Suolo del Dipartimento di Scienze del Suolo del Campus PICI dell'Università Federale del Ceará a Fortaleza, dove sono state effettuate rispettivamente le analisi chimiche e fisiche.

Le analisi dei campioni per la classificazione del suolo sono state effettuate sulla base delle metodologie del Manuale dei metodi e delle analisi del suolo (EMBRAPA, 1997). Il Sistema Brasiliano di Classificazione del Suolo (EMBRAPA, 2006) è stato utilizzato per classificare il suolo fino al 5° livello categoriale in base ai risultati chimici e fisici ottenuti.

I campioni da analizzare in laboratorio sono stati preparati secondo il diagramma di flusso illustrato nella Figura 10.

Figura 10 - Diagramma di flusso per la preparazione dei campioni di terreno da analizzare.

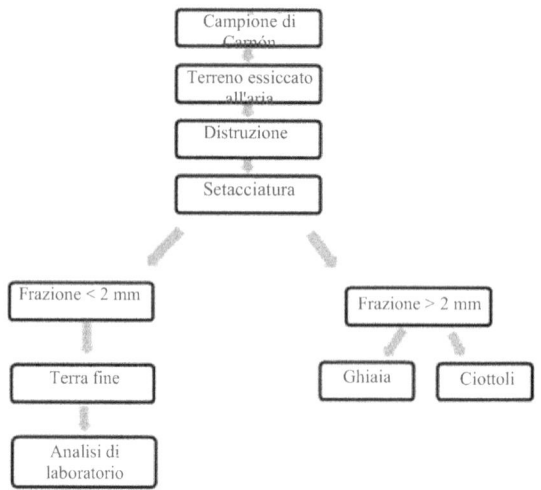

Fonte: (SILVA, 2010).

3.4.1. Analisi fisiche

Granulometria

L'analisi granulometrica è stata effettuata con il metodo della pipetta, in conformità al manuale Embrapa Soil Analysis Methods (EMBRAPA, 1997). Per l'analisi è stato utilizzato idrossido di sodio (NaOH) come disperdente chimico. In questa procedura, un volume della sospensione viene pipettato per determinare l'argilla, che viene essiccata in forno e pesata; la sabbia viene separata, essiccata in forno e pesata; il limo corrisponde al complemento delle percentuali del 100%.

Densità delle particelle

Si tratta di determinare il volume di alcol etilico necessario per completare la capacità di 50 ml di un matraccio volumetrico contenente terreno essiccato in forno.

Inizialmente, i campioni contenenti 20 g di terreno sono stati conservati in barattoli di peso noto e posti in un forno a 105°C per un periodo di 6-12 ore, quindi essiccati, pesati e trasferiti in un matraccio tarato. Si aggiunge alcool etilico fino a raggiungere la capacità totale del matraccio volumetrico precedentemente riempito con il campione secco e si annota il volume necessario a questo scopo.

3.4.2. Analisi chimiche

Il complesso di selezione, il pH, il fosforo disponibile e il carbonio organico sono stati caratterizzati utilizzando le metodologie descritte da Embrapa (1997 e 1999). I valori di pH sono stati determinati in acqua e KCl 1M, in rapporto 1:2,5. I contenuti di calcio e calcio più magnesio sono stati determinati utilizzando KCl 1M come soluzione di estrazione e complessando con EDTA. Il contenuto di magnesio è stato ottenuto per differenza. I contenuti di potassio e sodio sono stati ottenuti dopo estrazione con la soluzione di Mehlich 1 (HCl 0,05M+ H_2SO_4 0,0125M) e determinati mediante fotometria a fiamma. L'alluminio scambiabile è stato determinato con il metodo volumetrico mediante titolazione con idrossido di sodio dopo estrazione con soluzione di KCl 1M. L'acidità potenziale (H+Al) è stata ottenuta mediante estrazione con acetato di calcio 0,5M a pH 7,1 - 7,2 e determinata mediante titolazione alcalimetrica con NaOH 0,025M.

Anche il fosforo disponibile è stato estratto con la soluzione di acido Mehlich 1 e determinato spettrofotometricamente riducendo il molibdato con acido ascorbico. La sostanza organica è stata stimata convertendo il contenuto di carbonio organico nel suolo, determinato con il metodo di ossidazione della sostanza organica (O.M.) utilizzando bicromato di potassio in mezzo solforico, utilizzando il rapporto O.M. = carbonio organico x 1,724.

Sulla base delle determinazioni effettuate sono stati stimati i seguenti parametri: somma delle basi o valore SB (SB = Na+K+Ca+Mg); capacità di scambio cationico o valore T (T= SB + H+Al); indice di saturazione delle basi o valore V [V= (SB/T * 100)]; indice di saturazione dell'alluminio o valore m [m= (Al/SB+Al)*100] e percentuale di saturazione del sodio o PST [PST= (Na/T) * 100].

3.4 Determinazione della resistenza del terreno alla penetrazione

I valori di resistenza alla penetrazione del suolo (PR) sono stati ottenuti con un penetrometro a impatto modello Stolf (STOLF *et al.*, 1983).

Figura 11 - Penetrometro a impatto modello Stolf.

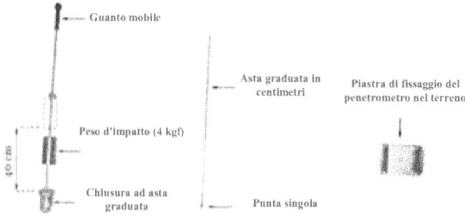

Fonte: (STOLF *et al*., 1983)

In questo tipo di penetrometro, un peso di 4 kgf viene rilasciato da un'altezza di 40 cm e, quando si scontra con il morsetto dell'asta graduata, il sistema, attraverso la punta conica, penetra nel terreno a una profondità x dallo stato iniziale.

La penetrazione dell'impatto viene letta sull'asta graduata del penetrometro e i risultati sono espressi in impatti/dm (numero di impatti necessari per perforare un decimetro di terreno). [-2]Attualmente, i dati relativi agli impatti/dm devono essere trasformati nel sistema internazionale, cioè in kgf/cm e poi in Mpa, per poterli utilizzare meglio.

Per effettuare le trasformazioni necessarie è stata utilizzata l'equazione del modello olandese (Equazione 1) (Stolf, 1991).

$$RP = \frac{(M+m).g}{A} + \left(\frac{f.M.g.H}{10.A}\right).N.$$
(1)

Dove:

R è la resistenza del terreno alla penetrazione in kgf.$^{-2}$cm ; M è la massa d'impatto (4 kg, modello commerciale); m è la massa del corpo del penetrometro (3,2 kg); g è l'accelerazione dovuta alla gravità; f è la frazione di energia rimanente per favorire la penetrazione [M/(M+m)]; ^{2}H è l'altezza di caduta della massa d'impatto (40 cm); N è il numero di impatti per decimetro e A è l'area della base del cono di penetrazione a punta fine (1,28 cm). Il tutto può essere riassunto nell'equazione 2:

$$R(kgf.cm^{-2}) = 5{,}6 + 6{,}89.N$$
(2)

[-2]E per trasformare i kgf.cm in mega pascal (MPa) basta usare l'equazione 3:

$$R(MPa) = 0{,}0980665 \cdot R(kgf.cm^{-2})$$
(3)

I PR sono stati ottenuti rispettivamente a profondità di 0-10 cm e 10-20 cm.

Per ogni sito di campionamento è stato ottenuto un profilo PR rappresentativo, corrispondente alle medie in profondità dei valori ottenuti da quattro repliche per ogni trattamento. L'umidità del suolo durante il periodo di raccolta è stata determinata utilizzando un misuratore elettronico di umidità del suolo, modello HFM2010, che effettua una misurazione elettromagnetica chiamata ISAF (Impedenza del suolo ad alta frequenza), proporzionale all'umidità. L'apparecchiatura riporta digitalmente i valori di umidità a una profondità di 20 cm nel terreno.

1.6. Determinazione del tasso di infiltrazione dell'acqua nel terreno

La velocità di infiltrazione dell'acqua nel suolo è stata misurata con il metodo dell'infiltrometro ad anelli concentrici (CALHEIROS *et al.*, 2009). Questa apparecchiatura consiste in due anelli concentrici di lamiera (Figura 12) con diametri variabili tra 16 e 40 cm. L'acqua viene applicata a entrambi i cilindri, mantenendo un film liquido tra 1 e 5 cm. Nel cilindro interno si misura il volume applicato a intervalli di tempo fissi e i livelli d'acqua consecutivi. Il cilindro esterno viene utilizzato per mantenere verticalmente il flusso d'acqua dal cilindro interno, dove si misura il tasso di infiltrazione.

Le misure di infiltrazione dell'acqua nel suolo sono state effettuate a intervalli di tempo prestabiliti in minuti, con 3 repliche scelte a caso per ogni trattamento.

Figura 12 - Infiltrometro ad anello concentrico.

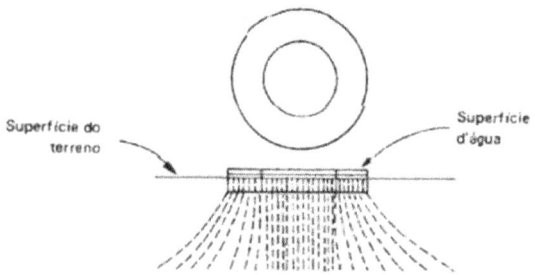

Fonte: Daiane C. da costa

3.7. Determinazione della porosità e della densità del suolo

La densità e la microporosità del suolo sono state determinate presso il Dipartimento di Scienza del Suolo, Campus PICI. I campioni non deformati sono stati raccolti nel dicembre 2011 con un campionatore Uhland (Figura 13), utilizzato alle profondità di 0-10 cm e 10-20 cm, con tre repliche per ogni trattamento alle rispettive profondità, per un totale di 18 campioni prelevati per lo studio.

I campioni sono stati avvolti in un telo di murim per ridurre al minimo i cambiamenti strutturali e la perdita d'acqua. Nel laboratorio di fisica del suolo dell'Università Federale del Ceará - Campus PICI di Fortaleza, i campioni sono stati preparati rimuovendo il terreno in eccesso su entrambi i lati con una spatola e una pompa a vuoto. Successivamente, i campioni sono stati posti in un vassoio, con l'aggiunta graduale di acqua fino al bordo superiore del cilindro, rimanendo per un periodo di 24 ore per la saturazione e poi sottoposti a una colonna d'acqua di 60 cm sul tavolo di tensione. Dopo questo periodo di stabilizzazione, i campioni sono stati essiccati in un forno a 105° C e il peso del cilindro+pano+lega è stato dedotto durante la pesatura. La porosità totale, la microporosità e la macroporosità sono state calcolate con il metodo descritto in Embrapa (1997). L'equazione 4 è stata utilizzata per determinare la microporosità (%).

$$Microporosidade\ (\%) = \left[\frac{(PA\ 60\ cm - PAS)}{VC}\right] * 100$$

(4)

Dove:

PA = peso del campione a 60 cm; PAS = peso del campione essiccato a 105°; VC = volume del cilindro.

L'equazione 5 è stata utilizzata per determinare la porosità totale (%).

$$Porosidade\ total\ (\%) = \left[\frac{(DP-DS)}{DP}\right] * 100$$

(5)

Dove:

DP = densità delle particelle; DS = densità del suolo.

La macroporosità è stata ottenuta per differenza in base all'equazione 6.

Macroporosità (%) = porosità totale (%) - microporosità (%)

Figura 13 - Campionatore di tipo Uhland con anello volumetrico.

Fonte: Thiago Leite de Alencar

3.8. Analisi statistica

Il disegno sperimentale è stato interamente randomizzato, con tre trattamenti e tre repliche. I trattamenti studiati sono stati: foresta nativa, pascolo e mais in un sistema di impianto convenzionale.

I risultati ottenuti sono stati sottoposti all'analisi della varianza e le medie dei trattamenti sono state confrontate con il test di Tukey al 5% di significatività, utilizzando il Sistema di Analisi Statistica e Pianificazione degli Esperimenti - Sisvar (Versione 5.3 Build 77), un programma informatico sviluppato dall'Università Federale di Lavras (UFLA).

4. RISULTATI E DISCUSSIONE

4.1 - Classificazione del suolo

4.1.1 - Risultati dell'analisi morfologica

Le caratteristiche morfologiche del profilo del suolo studiato sono riportate nelle Tabelle 1, 2 e 3.

La cerosità era una caratteristica morfologica che variava tra gli orizzonti, poiché in profondità aumentava di grado e quantità, mentre nella parte superficiale non si riscontrava.

La differenziazione di colore tra gli orizzonti all'interno del profilo è evidente ed è stata classificata come brusca e piatta. Il colore del suolo era più scuro negli orizzonti superficiali, il che può essere dovuto all'influenza della quantità di materia organica, che tende a trovarsi in minore concentrazione nei livelli più profondi. La viscosità e la plasticità sono altri attributi morfologici che aumentano con la profondità, il che può essere spiegato dall'aumento del contenuto di argilla.

Tabella 1 - Risultati delle analisi morfologiche.

Horz.	Professore Sollievo (cm)		Transizione tra gli orizzonti	Struttura	Cerosità	Classe testuale
A1	0 - 17	Piano	Piatto/rotto	Blocchi angolari e subangolari/medi grandi/moderati	e Non mostrato	Franco Arg. Aren.
A2	17 - 31	Piano	Piatto/rotto	Blocchi angolari e subangolari/piccoli medi/deboli	e Non mostrato	Franco Arg. Aren
BA	31 - 65	Piano	Piatto/rotto	Blocchi angolari e subangolari/Piccoli medi/deboli	e Moderato/abbondante	Argilo Aren.
Bt1	65 - 100	Piano	Piatto/rotto	Blocchi angolari e subangolari/medi grandi/moderati	e Debole	Argilla
Bt2	100 - 160	Piano	Piatto/rottamato	Blocchi angolari e sub-angolari/molto piccoli piccoli moderati	e Debole	Terreno argilloso
Bt3	160 - 200	Piano	Piatto/rottamato	Blocchi angolari e subangolari/piccoli medi/moderati	e Moderato/abbondante	Terreno argilloso

Fonte: Thiago Leite de Alencar

Tabella 2 - Risultati delle analisi morfologiche.

Horz.	Professore	Colore del suolo	Coerenza	Bagnato

	(cm)	Secco	Bagnato	Siccità	Bagnato	Plasticità	Appiccicosità
A1	0 - 17	7.5YR ¾	7.5YR 2/2	Molto difficile	Freddo	Leggermente plastica	in Leggermente appiccicoso
A2	17 - 31	7.5YR 4/4	7.5YR ¾	Duro	Freddo	Leggermente plastica	in Leggermente appiccicoso
BA	31 - 65	7.5YR 5/6	7.5YR 4/6	Molto difficile	Freddo	Leggermente plastica	in Leggermente appiccicoso
Bt1	65 - 100	5YR 5/8	5YR 4/6	Estremamente difficile	Azienda	Leggermente plastica	Appiccicoso
Bt2	100 - 160	2.5YR 4/6	5YR 5/8	Duro	Azienda	Leggermente plastica	Appiccicoso
Bt3	160 - 200	2.5YR 4/6	5YR 5/8	Duro	Azienda	Plastica	Leggermente appiccicoso

Fonte: Thiago Leite de Alencar

Tabella 3 - Risultati delle analisi morfologiche.

Horz. (cm)	Professore	Colture / vegetazione	Distribuzione delle radici	Pori
A1	0 - 17	Caatinga iposserofila	Molto sottili e spessi/ molti	Grande e comune
A2	17 - 31	Caatinga iposserofila	Molto sottili e spessi/ molti	Grande e comune
BA	31 - 65	Caatinga iposserofila	Sottile e spesso/comune	Piccolo e medio/comune
Bt1	65 - 100	Caatinga iposserofila	Sottile/piccolo	Piccolo e medio/comune
Bt2	100 -160	Caatinga iposserofila	Spessa/sottile	Piccolo e medio/comune
Bt3	160 -200	Caatinga iposserofila	Spessa/sottile	Piccolo e medio/comune

Fonte: Thiago Leite de Alencar

1.1.3 - Risultati dell'analisi fisica

I risultati ottenuti dall'analisi fisica del profilo sono riportati nella Tabella 4.

Tabella 4 - Risultati delle analisi fisiche.

Horz.	Professore (cm)	Composizione granulometrica (g kg^{-1}) Sabbia grossolana	Sabbia fine (g kg^{-1})	Limo	Argilla	Densità delle particelle
Al	0 - 17	171	456	149	225	2,47
A2	17 - 31	177	386	100	336	2,50
BA	31 - 65	137	344	92	427	2,46
Bt1	65 - 100	128	297	87	488	2,54
Bt2	100 -160	121	310	190	380	2,36
Bt3	160 -200	102	287	317	295	2,30

Fonte: Thiago Leite de Alencar

1.1.4 - Risultato dell'analisi chimica

I risultati ottenuti dall'analisi chimica del profilo sono riportati nella Tabella 5. $^{-1}$Il profilo ha mostrato una saturazione di base superiore al 50% in tutti gli orizzonti, a dimostrazione della sua natura eutrofica, una somma di basi da bassa a media che va da 1,71 a 4,80 cmol$_c$. kg, una capacità di scambio cationico da media a bassa che va da 2,95 a 7,77 cmol$_c$. $^{-1-1}$kg , nonché livelli molto bassi, bassi e medi di calcio (da 0,2 a 2,1 cmol$_c$. kg), livelli da buoni a molto buoni di magnesio (da 1,2 a 2,4 cmol$_c$. $^{-1-1-1-1}$kg), sodio (da 0,21 a 0,23 cmolc. kg), potassio (da 0,07 a 0,14 cmolc. kg), basso contenuto di alluminio (da 0,07 a 0,10 cmolc. kg) e debole acidità e alcalinità.

Tabella 5. - Risultati delle analisi chimiche.

Hor	pH (1:2.5) Acqua	KCl	Ca	Mg	In	K	H + Al	Al	S	T	P	PST	V	m	C	MO
							cmolc kg^{-1}					%			g kg^{-1}	
A1	6,3	5,4	2,1	2,4	0,23	0,07	2,97	0,10	4,8	7,8	6,52	2,9	62	2	12,7	21,9
A2	6,3	5,3	1,0	2,4	0,25	0,07	2,89	0,07	3,7	6,6	4,10	3,8	56	2	11,4	19,6
BA	6,6	5,3	0,8	1,3	0,25	0,10	2,48	0,10	2,4	4,9	2,17	5,1	50	4	5,86	10,1
Bt1	7,0	5,7	0,4	1,6	0,25	0,16	1,90	0,10	2,4	4,3	2,29	5,8	56	4	5,40	9,3
Bt2	7,1	5,9	0,3	1,2	0,22	0,14	1,65	0,10	1,8	3,5	2,53	6,3	53	5	2,99	5,1
Bt3	6,5	5,9	0,2	1,2	0,21	0,10	1,24	0,07	1,7	2,9	3,42	7,1	58	4	2,14	3,7

Fonte: Thiago Leite de Alencar

1.1.5 Risultati della classificazione del suolo

Sulla base dei risultati ottenuti nelle analisi morfologiche, fisiche e chimiche del profilo, il suolo è stato classificato fino al sesto livello categorico, secondo il Sistema Brasiliano di Classificazione dei Suoli (EMBRAPA, 2006). Il suolo presenta una bassa attività argillosa, un rapporto testuale di 1,63 tra gli orizzonti A e B, insieme a una moderata e abbondante cerosità in uno o più suborizzonti nella parte superiore dell'orizzonte B. Pertanto, si è concluso che il profilo oggetto di studio è classificato come tipico Argissolo eutrofico giallo-rosso, a media tessitura/argilla, moderato A, mesoeutrofico, molto profondo, neutro.

4.2 Resistenza del suolo alla penetrazione

I risultati ottenuti dalle analisi di resistenza alla penetrazione alle profondità di 0-10 cm e 10-20 cm sono mostrati nelle figure 14 e 15 rispettivamente.

Figura 14 - Variazione del PR medio nei diversi trattamenti a una profondità di 0-10 cm nel suolo, Assaré, 2011.

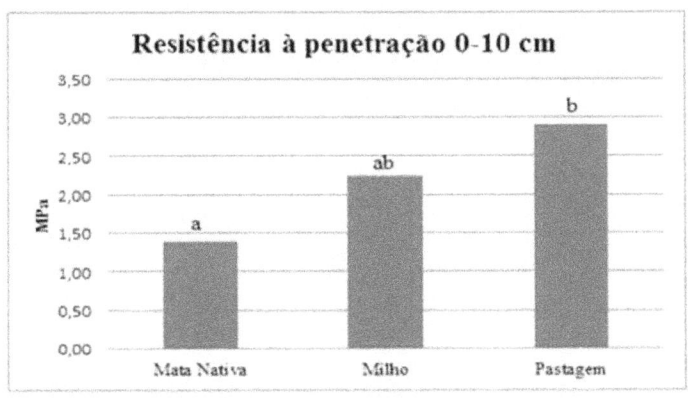

Fonte: Thiago Leite de Alencar

Le medie seguite dalle stesse lettere non differiscono significativamente al 5% con il test di Tuckey.

Secondo la figura 14, il trattamento con il più alto grado di resistenza alla penetrazione è stato quello al pascolo, che si differenzia in modo significativo da quello al bosco nativo. Ciò può essere spiegato dall'elevato numero di animali presenti nell'area per un lungo periodo di tempo, che genera un intenso calpestio con un conseguente aumento del grado di compattazione superficiale rispetto agli altri trattamenti. I valori di resistenza del suolo alla penetrazione normalmente utilizzati come critici per la piena crescita e lo sviluppo delle piante sono superiori a 2 MPa (SILVA, *et al.*, 1994; TORMENA *et al.*, 1998; LAPEN *et al.*, 2004; CANARACHE *et al.*, 1990).

Il trattamento con il mais ha avuto la seconda media più alta, con la presenza di animali nell'area per un breve periodo di tempo e l'uso di macchinari per la preparazione del suolo e la semina identificati come possibili cause. La foresta nativa, essendo un ambiente preservato, presentava i valori più bassi di PR a una profondità di 0-10 cm ed è stata quindi presa come riferimento per lo studio.

Figura 15-Variazione del PR medio nei diversi trattamenti a una profondità di 10-20 cm nel suolo, Assaré, 2011.

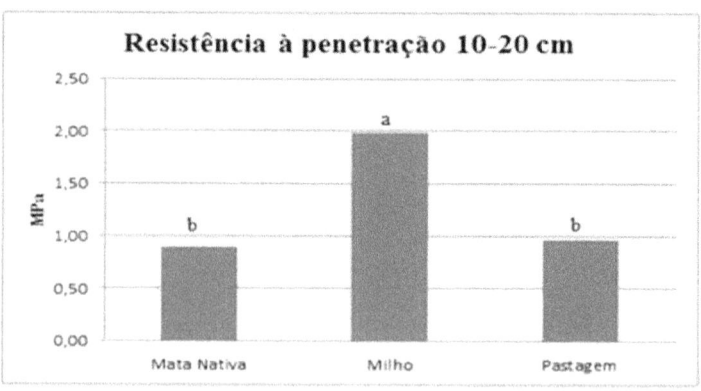

Fonte: Thiago Leite de Alencar

Le medie seguite dalle stesse lettere non differiscono significativamente al 5% con il test di Tuckey.

Secondo la figura 15, l'uso del suolo con il mais ha avuto la più alta resistenza media alla penetrazione nello strato di 10-20 cm, con una differenza significativa rispetto agli altri trattamenti, che può essere spiegata dall'uso di attrezzature per la preparazione del suolo ripetuto per diversi anni alla stessa profondità, causando un aumento della compattazione nel sottosuolo (piede d'aratro). Il pascolo ha avuto una media più bassa rispetto al mais, perché la pressione esercitata dagli animali colpisce più intensamente il suolo superiore, senza mostrare grandi effetti in profondità. Il suolo con foresta nativa ha ottenuto il valore più basso tra i trattamenti analizzati nello strato di 10-20 cm, concordando con i risultati ottenuti da (ARAUJO, 2010) grazie alla conservazione dell'area, che mantiene le caratteristiche fisiche del suolo in uno stato di conservazione ottimale.

4.3 - Umidità del suolo

Durante il periodo di campionamento della resistenza alla penetrazione, l'umidità del suolo è stata misurata a una profondità di 0-20 cm (Tabella 6). Il trattamento della foresta nativa ha registrato la media più alta, a causa dell'influenza della copertura vegetale e della rugiada sul mantenimento e la conservazione dell'umidità del suolo. Il trattamento con pascolo ha avuto il secondo contenuto di umidità più alto, poiché ha una certa quantità di vegetazione che agisce per proteggere il suolo, impedendo così una maggiore evaporazione. Il trattamento con il mais aveva un'umidità del 13% a causa del suo utilizzo come piantagione convenzionale, che lascia il suolo meno protetto.

Tabella 6 - Contenuto di umidità.

Trattamento	Umidità (%)
Foresta nativa	21
Mais	13
Pascolo	15

Fonte: Thiago Leite de Alencar

4.4 - Densità del suolo, macroporosità, microporosità

Tabella 7 - Valori medi di densità del suolo (Ds), macroporosità, microporosità e porosità totale (0-10 cm).

Trattamento	$^{-3}$Ds (g.cm)	Macroporosità (%)	Microporosità (%)	Porosità Totale (%)
0 - 10 cm				
Foresta nativa	1,35 b	19,4 a	30,3 a	49,7
Mais	1,45 ab	9,5 b	29,8 b	39,3
Pascolo	1,56 a	8,3 b	28,6 b	36,9

Fonte: Thiago Leite de Alencar

Le medie seguite dalle stesse lettere non differiscono significativamente al 5% con il test di Tuckey.

La tabella 7 mostra una relazione inversamente proporzionale tra la densità del suolo e la macroporosità. A una profondità di 0-10 cm, il trattamento al pascolo ha presentato la densità media del suolo più elevata, con una differenza significativa rispetto al trattamento nel bosco. Ciò è dovuto a una riduzione della quantità di macropori nello strato superficiale, generalmente causata da una maggiore compattazione del suolo dovuta all'alta densità di animali nell'area. Il trattamento con il mais non si è differenziato significativamente dal pascolo a causa della presenza di animali nell'area per un breve periodo di tempo. $^{-3-3}$Entrambi i trattamenti presentano valori medi di densità del suolo inferiori a 1,65 Mg m (g.cm), che secondo Llanillo *et al.* (2006), in suoli di medio impasto è limitante per la crescita delle radici e di conseguenza per la resa delle specie coltivate. Al contrario, la foresta nativa presentava una densità media del suolo più bassa e una maggiore percentuale di macropori.

Tabella 8 - Valori medi di densità del suolo (Ds), macroporosità e microporosità del suolo (10-20 cm).

Trattamento	Ds (g.cm^{-3})	Macroporosità (%)	Microporosità (%)	Porosità Totale (%)
10 - 20 cm				
Foresta nativa	1,30 b	19,6 a	27,6 a	47,2
Mais	1,56 a	8,0 b	28,9 a	36,9
Pascolo	1,52 a	9,7 b	30,2 a	39,9

Fonte: Thiago Leite de Alencar

Le medie seguite dalle stesse lettere non differiscono significativamente al 5% con il test di Tuckey.

Valutando la profondità di 10-20 cm (Tabella 8), il trattamento con il mais ha presentato la densità del suolo più elevata rispetto agli altri trattamenti, differenziandosi significativamente dal bosco nativo e, di conseguenza, è stato l'uso che ha maggiormente alterato le caratteristiche fisiche del suolo a questa profondità. Ancora una volta, la foresta nativa ha ottenuto valori più adeguati per la densità del suolo e la macroporosità, in accordo con i risultati ottenuti da Matias *et al.* (2009), dimostrando di essere l'uso più sostenibile tra i trattamenti valutati. Pertanto, Ds ha ottenuto valori più elevati con l'intensificazione dell'uso del suolo, mostrando risultati simili (Blainski *et al.*, 2008).

4.5 - Tasso di infiltrazione dell'acqua nel suolo

Dalla Tabella 9 si evince che l'infiltrazione dell'acqua nel suolo è stata maggiore nel trattamento con la foresta nativa, perché presenta caratteristiche fisiche che facilitano l'ingresso dell'acqua nel suolo, come la quantità di materia organica e di resti vegetali sul suolo, riducendo l'impatto delle gocce di pioggia sulla superficie, evitando il ruscellamento superficiale e aumentando il tasso di infiltrazione, in accordo con i risultati ottenuti da (CAVENAGE 1996; SUZUKI *et al.* 2000; SOUZA; ALVES 2003b) . Il trattamento con il mais ha avuto la seconda più alta capacità di infiltrazione dell'acqua nel suolo perché è un'area che viene utilizzata annualmente per la semina e, di conseguenza, l'uso di macchinari decomprime il suolo nello strato superficiale, favorendo il tasso di infiltrazione.

L'uso del suolo con il pascolo ha avuto la più bassa capacità di infiltrazione dell'acqua nel suolo, ed è stato significativamente diverso dagli altri trattamenti. Ciò può essere legato all'intenso calpestio degli animali, che compatta lo strato superficiale e ne riduce la porosità, un aspetto importante per l'infiltrazione. Ciò favorisce l'esistenza di ruscellamenti superficiali e l'erosione del suolo, causando un degrado della sua qualità fisica e, quindi, una significativa riduzione della sua capacità produttiva.

Tabella 9 - Valori medi della velocità di infiltrazione dell'acqua nel suolo (mm/min) e della velocità media di infiltrazione (mm/h).

Trattamenti	Infiltrazione dell'acqua nel terreno	
	Media (tasso di infiltrazione mm/min)	Infiltrazione (mm/h)
Foresta nativa	2,3774 b	142,6
Mais	1,7111 b	102,7
Pascolo	0,4518 a	27,1

Fonte: Thiago Leite de Alencar
Le medie seguite dalle stesse lettere non differiscono significativamente al 5% con il test di Tuckey.

5. CONCLUSIONI

Il suolo utilizzato per il pascolo autoctono ha mostrato un maggior grado di compattazione nello strato superficiale, presentato da valori più elevati di resistenza alla penetrazione, densità del suolo e di conseguenza minore macroporosità, con un'infiltrazione dell'acqua molto ridotta rispetto agli altri trattamenti.

Lo strato subsuperficiale del suolo è stato influenzato nei suoi attributi fisici dall'uso del mais nella semina convenzionale, dove questo, rispetto agli altri trattamenti, ha ottenuto valori che indicano una maggiore compattazione, osservata dalla riduzione della macroporosità e dall'aumento della densità del suolo e della resistenza alla penetrazione.

La valutazione e il monitoraggio delle caratteristiche fisiche del suolo sono di fondamentale importanza, in quanto fungono da indicatori di qualità e sostenibilità, mostrando esplicitamente quali usi e gestioni sono responsabili del più intenso degrado del suolo.

Il suolo è stato classificato come Argissolo Vemelho-amarelo eutròfico tipicos, textura média/textura argilosa, A moderado, mesoeutrófico, muito profundo, neutro.

6. RIFERIMENTI BIBLIOGRAFICI

ALBUQUERQUE, J.A.; SANGOI, L.; ENDER, M. Effetti dell'integrazione coltura-allevamento sulle proprietà fisiche del suolo e sulle caratteristiche della coltura del mais. **Revista Brasileira de Ciências do Solo**, Viçosa, v. 25, p. 717-723, 2001.

ALMEIDA, C.X.; CENTURION, J.F.; FREDDI, O.S.; JORGE, R.F. & BARBOSA, J.C. Funzioni di pedotrasferimento per la curva di resistenza del suolo alla penetrazione. **Revista Brasileira de Ciência do Solo**, Viçosa, v. 32, p. 2235-2243, 2008.

ALVES, M.C. & CABEDA, M.S.V. Infiltrazione dell'acqua in un Podzolic rosso scuro con due metodi di lavorazione del terreno, utilizzando precipitazioni simulate con due intensità. **Revista Brasileira de Ciências do Solo**, Viçosa, v.23, p. 753-761, 1999.

AMARO FILHO, J.; ASSIS JÛNIOR, R.N; MOTA, J.C.A. **Fisica do Solo: Conceitos e Aplicações.** Fortaleza: University Press, 2008. 290 p.

ANDREOLA, F.; COSTA, L.M.; OLSZEVSKI, N. Influenza della pacciamatura invernale e della concimazione organica e/o minerale sulle proprietà fisiche di un suolo viola strutturato. **Revista Brasileira de Ciências do Solo**, Viçosa, v. 24, p.857865, 2000.

ARAUJO, Adriana Oliveira. **Valutazione delle proprietà fisiche del suolo e della macrofauna edafica in aree sottoposte a gestione forestale della vegetazione autoctona nell'altopiano di Araripe.** 2010. Dissertazione (Master in Ingegneria Agraria) - Centro di Scienze Agrarie, Università Federale del Ceará, Fortaleza, 2010.

ARGENTON, J.; ALBUQUERQUE, A.J.; BAYER, C.; WILDNER, P.L. Comportamento degli attributi relativi alla forma della struttura del latosol rosso in presenza di sistemi di lavorazione del terreno e colture di copertura. **Revista Brasileira de Ciências do Solo**, Viçosa, v. 29, p. 425-435, 2005.

ARSHAD, M.A.; LOWERY, B.; GROSSMANN, B. Test fisici per il monitoraggio della qualità del suolo. In: DORAN, J.W.; JONES, A.J. (Ed.). Metodi per la valutazione della qualità del suolo. Madison: **Soil Science Society of America**, 1996, p.123-141 (SSSA Special publication, 49).

BENGHOUGH, A.G. & MULLINS, C.E. Impedenza meccanica alla crescita delle radici: una revisione delle tecniche sperimentali e delle risposte alla crescita delle radici. **J. Soil Sci**, V.41, p 341358, 1990.

BERGAMIN, C,A.; VITORINO, T. C. A.; FRANCHINI, C. J.; SOUZA, A. M. C.; SOUZA, R. F. Compattazione in un latosol rosso distrofico e sua relazione con la crescita delle radici del mais. **Revista Brasileira de Ciência do Solo**, Viçosa, v.34, p. 681-691, 2010.

BERTOL, I.; GOMES, K.E.; DENARDIN, R.B.N.; ZAGO, L.A.; MARASCHIN, G.E. Le proprietà fisiche del suolo in relazione a diversi livelli di alimentazione in un pascolo naturale. **Pesquisa Agropecuâria Brasileira**, Brasilia, v.33, n.5, p.779786, 1998.

BERTOL, I.; ALBUQUERQUE, A.J.; LEITE, D.; AMARAL, J.A.; JUNIOR, Z.A.W. Proprietà fisiche del suolo in condizioni di lavorazione convenzionale e semina diretta in rotazione e successione di colture, rispetto al campo nativo. **Revista Brasileira de Ciências do Solo**, Viçosa, v. 28, p.155-163, 2004.

BETTERIDGE, K.; MACKAY, A.D.; SHEPHERD, T.G.; BARKER, D.J.;

BUDDING, P.J.; DEVANTIER, B.P. & COSTALL, D.A. Effetto del calpestio di bovini e ovini sulla configurazione superficiale di un terreno collinare sedimentario. Aust. **J. Soil Res.**, v.37, p.743-760, 1999.

BEUTLER, N.A.; CENTURION, F.J.; SILVA, P.A. Confronto tra penetrometri nella valutazione della compattazione dei latosuoli. **Eng. Agric.**, Jaboticabal, v.27, n.1, p.146151, gennaio/aprile 2007.

BHARATI, L.; LEE; K.H.; ISENHART; T.M. & SCHULTZ, R.C. Infiltrazione dell'acqua nel suolo in presenza di colture, pascoli e tamponi ripariali consolidati nel Midwest degli Stati Uniti. **Agrof. Syst**, v. 56 p. 249-257, 2002.

BLAINSKI, E.; TORMENA, A.C.; FIDALSKI, J.; GUIMARÂES, L.M.R. Quantificazione del degrado fisico del suolo mediante la curva di resistenza alla penetrazione del suolo. **Revista Brasileira de Ciência do Solo**, Viçosa, v. 32, p. 975-983, 2008.

BRAIDA, A.J.; REICHERT, M.J.; VEIGA, M.;REINERT, J.D. Residui vegetali in superficie e carbonio organico del suolo e la loro relazione con la densità massima ottenuta nella prova proctor. **Revista Brasileira de Ciências do Solo**, Viçosa, v.30, p.605-614, 2006.

CALHEIROS, M.B.C.; TENÓRIO, C.J.F.; CUNHA, L.X.L.J.; DA SILVA, F.D.; DA SILVA, C.A.J. Definizione del tasso di infiltrazione per il dimensionamento degli impianti di irrigazione a pioggia. **Revista Brasileira de Engenharia Agricola e Ambiental**, v. 13, n.6, p. 665-670, 2009.

CAMARGO, O.A. & ALLEONI, L.R.F. **Compattazione del suolo e sviluppo delle piante. Piracicaba, Degaspar**, 1997.132p.

CANARACHE, A. Penetrometro - un modello semiempirico generalizzato per stimare la resistenza del suolo alla penetrazione. **Soil Tillage Research,** Amsterdam, v.16, p.51-70, 1990.

CARVALHO, C.A.M.; SORATTO, P.R.; ATHAYDE, F.L.M.; ARF, O.; SA, E.M. Produttività del mais in successione a sovesci in sistemi di lavorazione del terreno no-till e convenzionali. **Pesquisa Agropecuària Brasileira**, Brasilia, v.39, n.1, p.47-53, 2004.

CARVALHO, J.L.N.;CERRI, C.E.P.; FEIL, B.J.;PICCOLO, M.C.; GODINHO, V.P.; HERPIN, U.; CERRI, C.C. Conversione del cerrado in terreni agricoli nell'Amazzonia sudoccidentale: stock di carbonio e fertilità del suolo. **Scientia Agricola**, v. 66, p. 233-241, 2009.

CARVALHO, P.C.F. Accesso alla terra, produzione zootecnica e conservazione dell'ecosistema nel bioma brasiliano di Campos: il dilemma delle praterie naturali. Disponibile all'indirizzo: http:// www.icarrd.org/en/eventos/tem/STS%20UFGRS%20Biome.pdf. Accesso: 22 marzo 2012.

CASA GRANDE, A.A. **Compattazione e gestione del suolo nella coltivazione della canna da zucchero.** In: MORAES, M.H.; M.M.L.; FOLONI, J.S.S. (Ed.). Qualità fisica del suolo: metodi di studio - preparazione del suolo e sistemi di gestione. Jaboticabal: FUNEP, pagg. 150-97, 2001.

CASTRO FILHO, C.; MUZILLI, O. & PODANOSCHI, A.L. La stabilità degli aggregati e la sua relazione con il contenuto di carbonio organico in un latosol viola distrofico, in funzione del sistema di impianto, della rotazione delle colture e dei metodi di preparazione dei campioni. **Revista Brasileira de Ciência do Solo**, Viçosa, v. 22 p. 527-538, 1998.

CAVENAGE, A. **Cambiamenti nelle proprietà fisiche e chimiche di un latosol rosso scuro in base a diversi usi e gestioni.** Ilha Solteira, Universidade Estadual Paulista, 1996. 75p. (Lavoro universitario)

CECILIO, A.R.; SILVA, D.D.; PRUSKI, F.F.; MARTINEZ, A.M. Modellazione dell'infiltrazione dell'acqua nel suolo in condizioni di stratificazione mediante l'equazione di Green-Ampt. **Revista Brasileira de Engenharia Agricola e Ambiental**, v. 7, n.3, p. 415-422, 2003.

CICHOTA, R.; LIER, V.J.Q.; ROJAS, L.A.C. Variabilità spaziale del tasso di infiltrazione in un terreno argilloso rosso. **Revista Brasileira de Ciências do Solo**, Viçosa, v. 27, p. 789-798, 2003.

COLLARES, L. G.; RINERT, J. D.; KAISER, R. D. La qualità fisica del suolo nella produttività della coltura del fagiolo in un argissolo. **Revista Brasileira de Ciência do Solo**, Viçosa, v. 41, p. 1663-1674, 2006.

COLLARES, L.G.; REINERT, J.D.; REICHERT, M.J.; KAISER, R.D. Compattazione di un latosol indotta dal traffico di macchinari e sua relazione con la crescita e la produttività di fagioli e grano. **Revista Brasileira de Ciência do Solo**, Viçosa, v. 32, p. 933-942, 2008.

CORSINI, C.P. & FERRAUDO, S. A. Effetti dei sistemi colturali sulla densità del suolo, sulla macroporosità e sullo sviluppo radicale del mais in un latosol viola.

Pesquisa Agropecuària Brasileira, Brasilia, v.34, n.2, p.289-298, 1999.

CORREA, J.C. & REICHARDT, K. Effetto del tempo di utilizzo del pascolo sulle proprietà di un latosol giallo dell'Amazzonia centrale. **Pesquisa Agropecuària Brasileira**, Brasilia, v.30, p.107-114, 1995.

CORRÊA, M.R.; FREIRE, S.G.B.M.; FERREIRA, C.L.R.; FREIRE, J.F.; PESSOA, M.G.L.; MIRANDA, A.M.; MELO, M.V.D. Atributos quimicos de solos sob diferentes usos em perimetro irrigado no semiàrido de Pernambuco. **Revista Brasileira de Ciência do Solo**, Viçosa, v. 33, p. 305-314, 2009.

DO VALE, C. J.; NETO, F. R.; SILVA, L.S.P. Indice di selezione per cultivar di mais a duplice attitudine: miglio e mais verde. **Bragantia**, Campinas, v. 70, n. 4, p.781-787, 2011.

EMBRAPA. Centro Nazionale di Ricerca sul Suolo. **Sistema di classificazione dei suoli brasiliani.** 2. ed. Rio de Janeiro: Embrapa Solos, 2006. 306 p.

EMBRAPA. **Centro Nazionale di Ricerca sul Suolo.** Manuale dei metodi di analisi del suolo. 2 ed. riv. e attuale. Rio de Janeiro: EMBRAPA, 1997. 212p.

FILHO, T. J. & RIBON, A. A. La resistenza del suolo alla penetrazione in risposta al numero di campioni e al tipo di campionamento. **Revista Brasileira de Ciência do Solo**, Viçosa, v. 32, p. 487-494, 2008.

FLOWERS, M.D. & LAL, R. Effetti del carico sull'asse e della lavorazione del terreno sulle proprietà fisiche del suolo e sulla resa in granella della soia su un Molic Ochraqualf nel Nord-Ovest. **Soil Tillage Res**, v. 48 p. 21-35, 1998.

FREITAS, P. L., Aspetti fisici e biologici del suolo. In: LANDERS, J.N. Ed. **Esperienze di semina diretta nel Cerrado. Goiânia**: APDC, 1994. p.199-213. 261p.

GAMA-RODRIGUES, E.F. & GAMA-RODRIGUES, A.C. Biomassa microbica e ciclo dei nutrienti. In: SANTOS, G.A.; SILVA, L.S.; CANELLAS, L.P. & CAMARGO, F.A.O., eds. **Fondamenti di materia organica del suolo negli ecosistemi tropicali e subtropicali.** 2.ed. Porto Alegre, Metrópole, 2008. p.159-170.

GIRARDELLO, C.V.; AMADO, CJ.T.; NICOLOSO, S.R.; HORBE, N.A.T.; FERREIRA, O.A.; TABALDI, M.F.; LANZANOVA, E.M. Cambiamenti negli attributi fisici di un latosol rosso in condizioni di no-tillage indotti da diversi tipi di scarificatori e resa della soia. **Revista Brasileira de Ciências do Solo**, Viçosa, v. 35, p. 2115-2126, 2011.

GOMES, A. & PENA, Y. A. Caratterizzazione della compattazione mediante penetrometro. **Lavoura Arrozeira**, Porto Alegre, v.49, n.1, p.18-20, 1996.

GONÇALVES, E.N. **Comportamento alimentare di bovini e ovini su pascoli naturali nella Depressione Centrale del Rio Grande do Sul.** Porto Alegre, Università Federale di Rio Grande do Sul, 2007. 138p. (Tesi di dottorato)

GUIMARAES, M. C.; STONE, F. L.; MOREIRA, A. A. Compattazione del suolo nella coltivazione del fagiolo. II: effetto sullo sviluppo di radici e germogli. **Revista Brasileira de Engenharia Agricola e Ambiental**, v. 6, p. 213-218, 2002.

Mappa dei biomi e della vegetazione IBGE 2005. **Istituto Brasiliano di Geografia e Statistica. Rio de Janeiro.** Disponibile all'indirizzo: http://www.ibge.gov.br. Accesso del 23 marzo 2012.

JORGE, J.A.; CAMARGO, O.A.; VALADARES, J.M.A.S. Condizioni fisiche di un latosol rosso scuro quattro anni dopo l'applicazione di fanghi di depurazione e calcare. **Revista Brasileira de Ciências do Solo**, Viçosa, v. 15, p. 237-240, 1991.

____. **Indagine esplorativa: ricognizione del suolo dello Stato del Ceará**. Recife: SUDENE/EMBRAPA, 1973 (Bollettino tecnico 28, Serie Pedologica, 16).

KARLEN, D.L.; MAUSBACH, M.J.; DORAN, J.W.; CLINE, R.G.; HARRIS, R.F. & SCHUMAN, G.E. Soil quality: A concept, definition and framework for evaluation. **Soil Sci. Soc. Am. J.**, 61:4-10, 1997

KAMIMURA, M.K.; ALVES, C.M.; ARF, ORIVALDO; BINOTTI, S.F.F. Proprietà fisiche di un latosol rosso in coltura di riso di alta montagna con diverse gestioni del suolo e dell'acqua. **Revista Brasileira de Ciência do Solo**, Viçosa, v. 68 p. 723-731, 2009.

LAIA, M. A.; MAIA, S. C. J.; KIM, E. M. Uso di un penetrometro elettronico per valutare la resistenza del suolo coltivato a canna da zucchero. **Revista Brasileira de Engenharia Agricola e Ambiental**, v. 10, p. 523-530, 2006.

LAPEN, D.R.; TOPP, G.C.; GREGORICH, E.G. & CURNOE, W.E. Indicatori della qualità del suolo e della produzione di mais con la minima limitazione della portata d'acqua, Ontario orientale, Canada. **Soil Till. Res.**, v. 78, p. 151-170, 2004.

LEAO, P.T.; SILVA, P.A.; MACEDO, M.C.M.; IMHOFF, S.; EUCLIDES, B.P.V. Optimum water interval in the evaluation of continuous and rotational grazing systems. **Revista Brasileira de Ciências do Solo**, Viçosa, v.28, p.415-423, 2004.

LIPIEC, J.; HÂKANSSON, I.; TARKIEWICZ, S.; KOSSOWSKI, J. Proprietà fisiche del suolo e crescita dell'orzo primaverile in relazione al grado di compattezza di due terreni. **Soil & Tillage Research**, v.19, p.307-317, 1991.

LLANILLO, R.F.; RICHART, A.; FILHO, J.T.; GUIMARÂES, M.F.; FERREIRA, R.R.M. Evoluzione delle proprietà fisiche del suolo in funzione dei sistemi di gestione delle colture annuali. **Semina: Ciências Agrárias**, Londrina, v.27, n.2, p.205-220, 2006.

MATIAS, R.S.S.; BORBA, A.J.; TICELLI, M.; PANOSSO, R.A.; CAMARA, T.F. Atributi fisici di un Latossolo Vermelho sottoposto a diversi usi. **Rev. Cienc. Agron.**, Fortaleza, v. 40 n. 3, p. 331-338, 2009.

MELO, O.R.; PACHECO, P.E.; MENEZES, C.J.; CANTALICE, B.R.J. Susceptibility to compaction and correlation between physical properties of a neosol under caatinga vegetation. **Caatinga (Mossoró, Brasile)**, v.21, n.5, p.12-17, 2008

MENDES, G.F.; MELLONI, P.G.E.; MELLONI, R. Aplicação de atributos fisicos do solo no estudo de qualidade de áreas impactadas, em Itajubâ/MG. **Cerne**, Lavras, v. 12, n. 3, p. 211-220, 2006.

MONTANARI, R.; CARVALHO, P.M.; ANDREOTTI, M.; DALCHIAVON, C.F.; LOVERA, H.L.; HONORATO, O.A.M. Aspetti della produttività del fagiolo correlati agli attributi fisici del suolo in un contesto di gestione ad alto livello tecnologico.

Revista Brasileira de Ciência do Solo, Viçosa, v. 34 p. 1811-1822, 2010.

NEVES, C.M.N.N.; SILVA, M.L.N.; CURI, N.; CARDOSO, E.L.; MACEDO, R.L.G.; FERREIRA, M.M. & SOUZA, F.S. Soil quality indicator attributes in an agrosilvopastoral system in the north-west of the State of Minas Gerais. **Sci. For.**, 74:45-53, 2007.

NIERO, L.A.C; DECHEN, S.C.F.; COELHO, R.M.; DE MARIA, I.C. Valutazioni visive come indice di qualità del suolo e loro convalida mediante analisi fisiche e chimiche in un latosol rosso distrofico con diversi usi e gestioni. **Revista Brasileira de Ciência do Solo**, Viçosa, v. 34 p. 1271-1282, 2010.

PACHECO, E.P. & CANTALICE, J.R.B. Path analysis nello studio degli effetti degli attributi fisici e della sostanza organica sulla comprimibilità e sulla resistenza alla penetrazione di un argissolo coltivato a canna da zucchero. **Revista Brasileira de Ciência do Solo**, Viçosa, v. 35, p. 417-428, 2011.

PANACHUKI, E.; BERTOL, I.; SOBRINHO, A.T.; OLIVEIRA, S.T.P.; RODRIGUES, B.B.D. Soil and water losses and water infiltration in red latosol under management systems. **Revista Brasileira de Ciências do Solo**, Viçosa, v. 37, p. 1777-1785, 2001.

PAULETTO, E. A.; BORGES, J. R.; SOUSA, R. O.; PINTO, L. F. S.; SILVA, J. B.; LEITZKE, V. W. Valutazione della densità e della porosità di un gleissolo sottoposto a diversi sistemi di coltivazione e a diverse colture. **Revista Brasileira de Agrociência**, Pelotas, v.11, n. 2, p. 207-210, 2005.

PIRES, F.L.; ROSA, A.J.; TIMM, C.L. Confronto tra i metodi di misurazione della densità del suolo. **Acta Scientiarum Agronomy**, Maringà, v. 33, p. 161-170, 2011.

POTT, A.C. & DE MARIA, C.I. Confronto tra metodi di campo per la determinazione della velocità di infiltrazione di base. **Revista Brasileira de Ciências do Solo**, Viçosa, v. 27, p. 19-27, 2003.

REICHERT, J.M.; SUZUKI, L.E.A.S.; REINERT, D.J.; HORN, R. & KANSSON, I.H. Densità apparente di riferimento e grado di compattezza critico per la produzione di colture no-till in terreni subtropicali altamente esposti alle intemperie. **Soil Tillage Res.**, v.102, p 242-254, 2009.

REINERT, J.D.; ALBUQUERQUE, A.J.; REICHERT, M.; AITA, C.; ANDRADA, C.M.M. Limiti critici di densità del suolo per la crescita delle radici di colture di copertura in terreni argillosi rossi. **Revista Brasileira de Ciência do Solo**, Viçosa, v. 32 p. 1805-1816, 2008.

RIBON, A.A. & FILHO, T.J. Stima della resistenza meccanica alla penetrazione di un latosol rosso in coltura perenne nel nord dello stato di Paranâ. **Revista Brasileira de Ciências do Solo**, Viçosa, v. 32, p. 1817-1825, 2008.

ROTH, C.H. & PAVAN, M.A. Effetto della calce e del gesso sulla dispersione dell'argilla e sull'infiltrazione in campioni di un Oxisols brasiliano. **Geoderma**, v. 48, pag. 351-361, 1991.

SANTOS, R.D.; LEMOS, R.C.; SANTOS, G.H.; KER, J.C.; ANJOS, L.H.C. **Manuale di descrizione e raccolta del suolo sul campo.** 5a ed. Viçosa. SBCS, 2005. 100p

SANTOS, R. J.; BICUDO, J. S.; NAKAGAWA, J.; ALBUQUERQUE, W.A.; CARDOSO, L.C. Atributos quimicos do solo e produtividade do milho afetados por corretivos e manejo do solo. **Revista Brasileira de Engenharia Agricola e Ambiental**, v. 10, n.2, p. 323-330, 2006.

SHUKLA, M.K.; LAL, R. & EBINGER, M. Determinazione degli indicatori di qualità del suolo mediante analisi dei fattori. **Soil Till. Res.**, v. 87, p.194-204, 2006.

SILVA, P. A.; TORMENA, A. C.; FIDALSKI, J.; IMHOFF, S. Funzioni di pedotrasferimento per curve di ritenzione idrica e resistenza del suolo alla penetrazione. **Revista Brasileira de Ciência do Solo**, Viçosa, v. 32, p. 1-10, 2008.

SILVA, S. F. **Aspetti chimici e morfologici dei suoli in una toposequenza dell'isola di Santiago - Capo Verde - Africa.** 2010. 48p. Lavoro finale del corso, monografia (Laurea in agronomia) - Centro di Scienze Agrarie, Università Federale del Cearà, Fortaleza - CE.

SILVA, A.P.; KAY, B.D. & PERFECT, E. Caratterizzazione dell'intervallo idrico meno limitante. **Soil Sci. Soc. Am. J.**, v. 58, p. 1775-1781, 1994.

SOARES, N.L.J.; ESPiNDOLA, R.C.; CASTRO, S.S. Physical and morphological changes in soils cultivated under traditional management systems. **Revista Brasileira de Ciência do Solo**, Viçosa, v. 29, p. 1005-1014, 2005.

SOUZA, O.J.W. & MELO, J.W. Sostanza organica in un latosol sottoposto a diversi sistemi di produzione del mais. **Revista Brasileira de Ciências do Solo**, Viçosa, v.27, p.1113-1122, 2003.

SOUZA, Z.M. & ALVES, M.C. Movimento dell'acqua e resistenza alla penetrazione in un latosol rosso distrofico del Cerrado sottoposto a diversi usi e gestioni. **R. Bras. Eng. Agric. Amb.**, 7:18-23, 2003b.

STOLF, R.; FERNANDES, J.; FURLANI NETO, V.L. **Recomendações para uso de penetrômetro de impacto, modelo IAA/Planalsucar- Stolf**. San Paolo, MIC/IAA/PNMC - Planasulcar, pag. 8, 1983 (serie di penetrometri da impatto, BT1).

STOLF, R. Teoria e prova sperimentale di formule per la trasformazione dei dati del penetrometro a impatto in resistenza del terreno. **Revista Brasileira de Ciência do Solo, Campinas**, v.15, n.2, p.229-35, 1991.

STOLF, R.; THURLER, M.A.; BACCHI, S.O.O.; REICHARDT, K. Metodo di stima della macroporosità e della microporosità del suolo basato sul contenuto di sabbia e sulla densità apparente. **Revista Brasileira de Ciências do Solo**, Viçosa, v. 35, p. 447-459, 2011.

SUZUKI, L.E.A.S.; ALVES, M.C. & HIPÓLITO, J.L. Cambiamenti nell'infiltrazione dell'acqua in un latosol giallo-rosso nel nord-ovest dello Stato di São Paulo in condizioni di lavorazione convenzionale. R. Iniciaçao Cient., 2:57-63, 2000.

SUZUKI, S.A.E.L.; REICHERT, M.J.; REINERT, J.D.; LIMA, R.L.C. Grado di compattazione, proprietà fisiche e resa colturale in Latossolo e Argissolo. **Pesquisa Agropecuâria Brasileira**, Brasilia, v.42, n.8, p.1159-1167, 2007.

TAVARES FILHO, J.; BARBOSA, C. M. G.; GUIMARÂES, F. M.; FONSECA, B. C. I. Resistenza del suolo alla penetrazione e sviluppo dell'apparato radicale del mais (*zea mays*) con diversi sistemi di gestione in un latosol viola. **Revista Brasileira de Ciência do Solo**, Viçosa, v. 25, p. 725-730, 2001.

THIMÓTEO, S.M.C.; BENINNI, Y.R.E.; MURATA, M.I.; FILHO, T.J. Cambiamenti nella porosità e nella densità di un latosol rosso distrofico in due sistemi di gestione del suolo. **Acta Scientiarum**, Maringà, v. 23, n. 5, p. 1299-1303, 2001.

TORMENA, C.A. & ROLOFF, G. Dinamica della resistenza alla penetrazione di un terreno in assenza di lavorazione. **Revista Brasileira de Ciência do Solo**, Viçosa, v. 20, n. 2, p. 333339, 1996.

TORMENA, C.A.; SILVA, A.P. & LIBARDI, P.L. Caratterizzazione dell'intervallo idrico ottimale di un latosol viola in assenza di lavorazione del terreno. **Revista Brasileira de Ciência do Solo**, Viçosa, v. 22, p.573-581, 1998.

TREIN, C.R.; COGO, N.P.; LEVIEN, R. Metodi di preparazione del suolo nella coltivazione del mais e nella risemina del trifoglio nella rotazione avena + trifoglio / mais, dopo un pascolo intensivo. **Revista Brasileira de Ciências do Solo**, Viçosa, v.15, p.105-111, 1991.

TSEGAYE, T. & HILL, R.L. Effetti della lavorazione intensiva del terreno sulla variabilità spaziale delle proprietà fisiche del suolo. **Soil Science**, v.163 p.143-154, 1998.

VIEIRA, L.M. & KLEIN, A.V. Proprietà fisico-idriche di uno Iatosol rosso sottoposto a diversi sistemi di gestione. **Revista Brasileira de Ciências do Solo**, Viçosa, v.31, p. 1271-1280, 2007.

More Books!

I want morebooks!

Buy your books fast and straightforward online - at one of world's fastest growing online book stores! Environmentally sound due to Print-on-Demand technologies.

Buy your books online at
www.morebooks.shop

Compra i tuoi libri rapidamente e direttamente da internet, in una delle librerie on-line cresciuta più velocemente nel mondo! Produzione che garantisce la tutela dell'ambiente grazie all'uso della tecnologia di "stampa a domanda".

Compra i tuoi libri on-line su
www.morebooks.shop

info@omniscriptum.com
www.omniscriptum.com

OMNIScriptum